24小时漫画

YUHANGYUAN DE 24 XIAOSHI

宇航员的
24小时

英国尤斯伯恩出版公司 编著 王 旭 译

特别感谢

劳伦特·克林在本书图画方面做出的贡献，
萨曼莎·巴雷特在本书设计方面做出的贡献，
罗布·劳埃德·琼斯在本书文字方面做出的贡献，
露丝·布罗克赫斯特在本书编辑方面做出的贡献，
斯蒂芬·蒙克里夫作为系列编辑为本书做出的贡献，
约翰·拉塞尔在数字合成方面做出的贡献，
以及利比·杰克逊和斯图尔特·阿特金森
作为专业顾问为本书做出的贡献。

接力出版社
Publishing House

桂图登字：20—2021—038

24 Hours in Space
Copyright © 2022 Usborne Publishing Limited.
Batch No.:05981/8
First publishing in 2022 by Usborne Publishing Limited,England.

图书在版编目（CIP）数据

宇航员的 24 小时 / 英国尤斯伯恩出版公司编著；王旭译 . —南宁：接力出版社，2022.4（2024.2 重印）
（24 小时漫画）
ISBN 978-7-5448-7644-5

Ⅰ . ①宇… Ⅱ . ①英… ②王… Ⅲ . ①航天员 – 儿童读物 Ⅳ . ① V527-49

中国版本图书馆 CIP 数据核字（2022）第 042080 号

责任编辑：唐 玲 文字编辑：刘 楠 美术编辑：杨 慧
责任校对：张琦锋 责任监印：郭紫楠 版权联络：闫安琪
社长：黄 俭 总编辑：白 冰
出版发行：接力出版社 社址：广西南宁市园湖南路9号 邮编：530022
电话：010–65546561（发行部） 传真：010–65545210（发行部）
网址：http://www.jielibj.com 电子邮箱：jieli@jielibook.com
经销：新华书店 印制：鹤山雅图仕印刷有限公司
开本：787毫米×1092毫米 1/16 印张：4 字数：60千字
版次：2022年4月第1版 印次：2024年2月第4次印刷
印数：14 001—17 000册 定价：42.00元

本书中的所有图片均由原出版公司提供
审图号：GS（2022）2228号
版权所有　侵权必究
质量服务承诺：如发现缺页、错页、倒装等印装质量问题，可直接联系本社调换。
服务电话：010–65545440

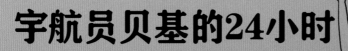

宇航员贝基的24小时

翻到第10页，看看我们在太空都吃些什么。

你有"太空梦"吗？翻到第26页，看看我的宇航员训练日记吧。

最重要的问题：我们在太空中怎么上厕所？答案就在第30页。

在远离地球的太空中的某一处*……
国际空间站平稳
地飘浮着，万籁
俱寂……

突然传来了一声尖叫。

哦，不，它逃跑了！

它跑掉了！

我能抓住它……

*大概距离地球400千米。

国际空间站的运行原理

1.由于受到地球重力的吸引，国际空间站一直在向下运动。

2.与此同时，它还在以每小时28,163千米的速度向前运动——真的是非常快。

3.在前两种运动的联合作用下，空间站会环绕地球做圆周运动，只要它保持这个速度，就可以环绕地球飞行而不会真的掉落下来。这个圆周就是空间站的运动轨道。

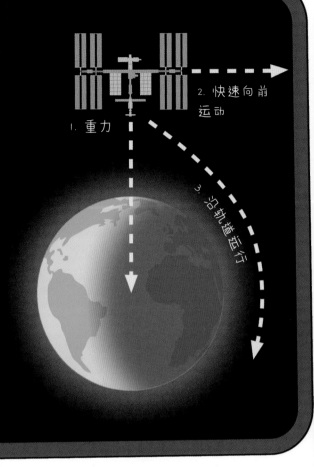

2. 快速向前运动

1. 重力

3. 沿轨道运行

由于太空中几乎没有空气，所以空间站受到的空气阻力微乎其微，这使它可以保持沿轨道运行的速度，看起来就像是在飘浮一样。

这就是大家说的"零重力"。因为我们一直在飘浮，空间站里也就没有地面和屋顶的区别了。我们就这么飞过来，飞过去。

哎哟！

说实话，在"零重力"环境中生活还是需要一些技巧的。

*俄语的"你好"。

太空食品

每次飞行任务开始前，宇航员都可以挑选他们希望带到空间站的食物。那些食物都经过了特殊处理，可以保存数月，也不会产生可能破坏空间站设备的碎屑。

脱水食品
只需加水，
即可食用。

鸡肉和面条

蔬菜馅饼

三文鱼

巧克力甜品

预制食品
只需简单加热。

新鲜食品
新鲜的水果和蔬菜不易保存，
所以总是很快被吃光。

玉米卷饼不会产生碎屑，是代替面包的好选择。

胡萝卜条

不使用桌子时，可以把它折叠起来。

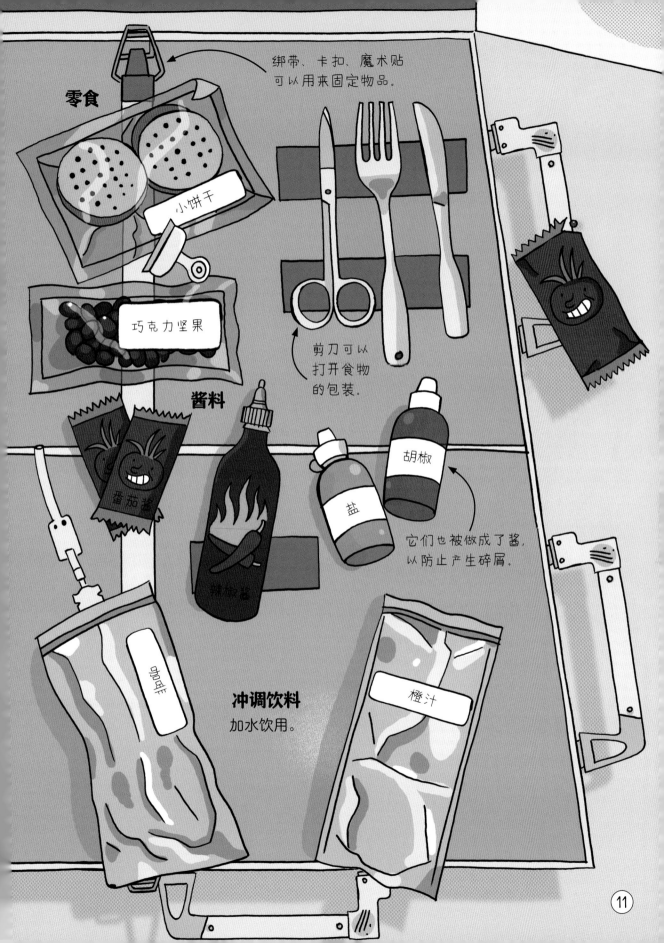

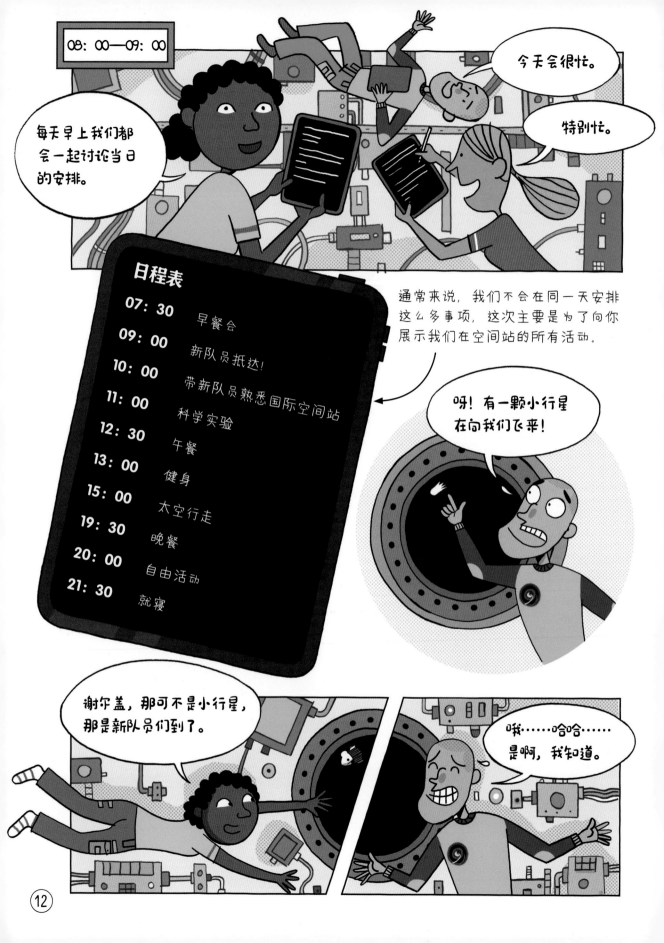

看到那艘宇宙飞船了吗？新来的4位宇航员就坐在里面。

你可能在纳闷：他们是如何从地球到达这里的？

请听我细细道来……

地球上，宇航员们准备登上宇宙飞船。

激动又紧张的微笑

宇航服

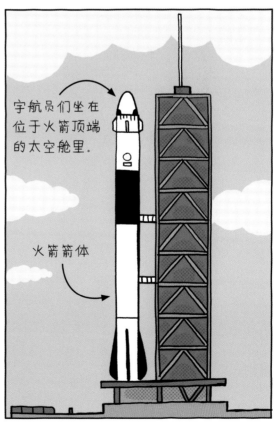

宇航员们坐在位于火箭顶端的太空舱里。

火箭箭体

登上飞船，我太激动了……

做发射前的最后检查。

任务控制中心开始倒计时。

5，4，3，2，1……

唷!

发射!

飞向太空!

在升空短短70秒后，火箭的速度就已经超过了声速——非常非常快。

现在才是最紧张的
时刻……

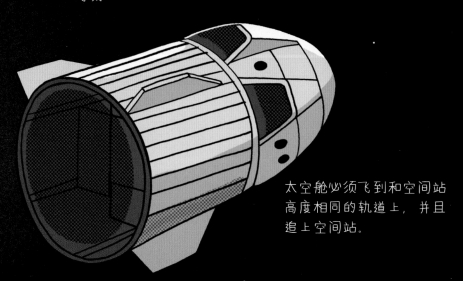

太空舱必须飞到和空间站
高度相同的轨道上，并且
追上空间站。

经过几个月的准备和几百千米的旅程，太空舱终于抵达了空间站。

09：00

快看，它就要和空间站对接了。

有时任务控制中心会发射一些装有货物但没有宇航员的飞船，也就是货运飞船，简称货船。

货船

重要物资

氧气罐

氧气是至关重要的，我们需要它！

对于很多宇航员来说，新鲜水果是一种特殊奖励，就像巧克力棒一样。

袋装食品

次要物资

衣服

书本杂志

汽车

时尚

更多的巧克力棒！

国际空间站全景展示

国际空间站由大量叫作"模块"的部件组合而成，两个模块之间的连接处被称为"节点"。

（部分模块以剖面图的形式呈现，以便展示其内部构造。）

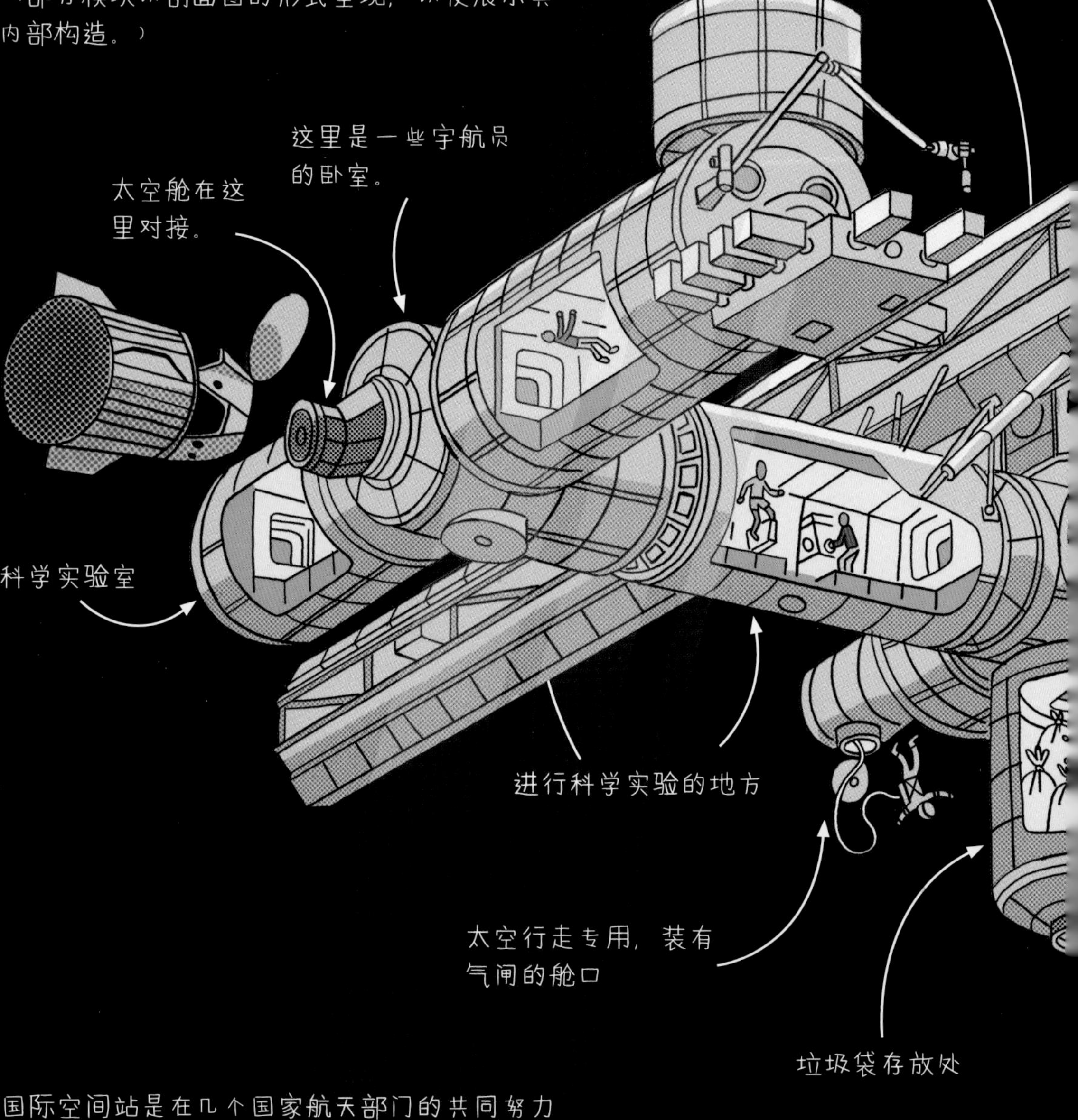

宇航员们在这里用餐。

这里是一些宇航员的卧室。

太空舱在这里对接。

科学实验室

进行科学实验的地方

太空行走专用，装有气闸的舱口

垃圾袋存放处

国际空间站是在几个国家航天部门的共同努力下，用20多年的时间一个模块一个模块地组装起来的。

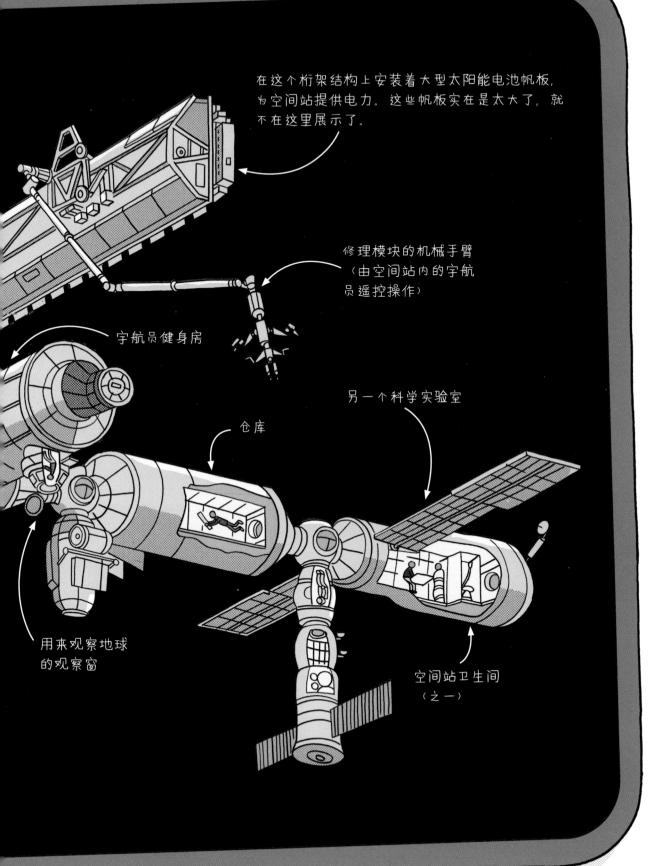

在这个桁架结构上安装着大型太阳能电池帆板，为空间站提供电力。这些帆板实在是太大了，就不在这里展示了。

修理模块的机械手臂（由空间站内的宇航员遥控操作）

宇航员健身房

另一个科学实验室

仓库

用来观察地球的观察窗

空间站卫生间（之一）

贝基的训练日记

抵达航天局，开始长达5年的宇航员训练！

与其他梦想成为宇航员的人在一起。我们当中有的曾经是飞行员或医生，有的是工程师，比如我。

我们用几个小时的时间来学习火箭的工作原理。我们还要学习俄语，因为有些任务来自俄罗斯。

这项训练可以让我们适应狭小机舱内的工作环境，就像在宇宙飞船里一样。

然后，我们还学习了生存技能——万一太空舱降落到偏远地区，这是一项非常重要的本领。

直升机把我们运送到荒无人烟的山区。

已经开始发抖

生起篝火……

再搭一顶帐篷。

我们还学习了如何在海洋中求生（在游泳池里模拟）。

逃离正在下沉的太空舱，救起落水的队友。

还在发抖

我们做了很多项健康检测！

我们身体的各项指标必须符合进行太空任务的要求。

还有各种考试。

合格者将会进入下一阶段的训练。

这个阶段的训练是在一个与真实空间站等大的模型里进行的!

我们花了好长时间才记住各个舱室、仪器、物品的位置。

接下来就该模拟"零重力"环境训练了。

我们登上了一架特殊的飞机,它能够模拟出"零重力"环境。

像过山车一样,它先以陡峭的角度上升,然后再突然下落。

每次上升到顶点的那一瞬间,我们都感觉像是飘在了空中。

这太有意思了!

然而,这架飞机还有个昵称叫"喷气彗星",是因为这种飞行会让你感到恶心想吐……

哕!

悬浮在水中的感觉很像飘浮在太空，所以我们在一个大水罐里做了很多次训练。

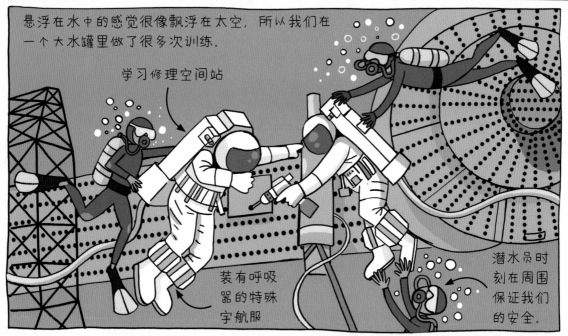

学习修理空间站

装有呼吸器的特殊宇航服

潜水员时刻在周围保证我们的安全。

我们还使用了高科技的虚拟现实眼镜。

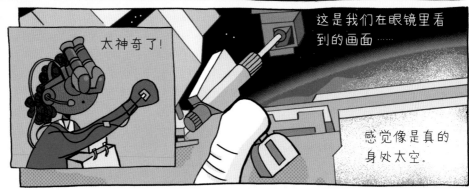

太神奇了!

这是我们在眼镜里看到的画面……

感觉像是真的身处太空。

最后，我们把将要在空间站进行的工作逐一模拟操作一遍。

训练清单

科学实验 ☑

安全检查 ☑

通信设备 ☑

太空饮食 ☑

使用厕所 ☑

这一天，我、简和谢尔盖都被选中了!我们将前往真正的空间站!

我的太空新伙伴!

我们会把大便放在袋子里，然后装入废物舱，再将它弹射进地球的大气层，在降落过程中被烧毁。

一颗冒着臭气的流星。

你刚才是想问尿液如何处理吗？

不，其实我是……

从某种意义上说，我们把尿都喝了！空间站的水资源是极其珍贵的，我们所有的尿液都被回收进入循环系统，经过层层过滤消毒，最终转化成饮用水。

首先，尿液会被加热，其中的水变成蒸汽。

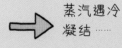

蒸汽遇冷凝结……

水的回收利用

最后，安全的饮用水就制作完成啦！整个过程需要8天左右。

然后，过滤掉冷凝水里比较恶心的杂质，比如皮肤碎屑、灰尘等。

再加入一种叫碘的化学药剂。

接下来，高温加热消毒。

很神奇吧？

哦！抱歉……

对，我全明白了，但现在我真的想马上上厕所。

太空科研的实际应用

太空科研的成果可以从很多方面改善地球上人们的生活，下面这些只是其中的一小部分：

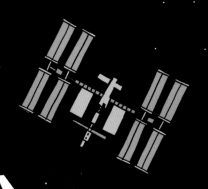

更加先进的激光眼科手术……

和脑部手术。

开发新型合金，可以制造出重量更轻的飞机……

协助医院设计更先进的扫描设备。

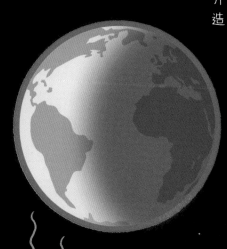

和更坚固的假肢。

让被汗水浸湿的衣物不再散发臭气。

建造效率更高的水循环系统。

其他实验测试了一些让星际旅行更安全的方法，这样我们能探索得更远……

更远……

直至太阳系深处。

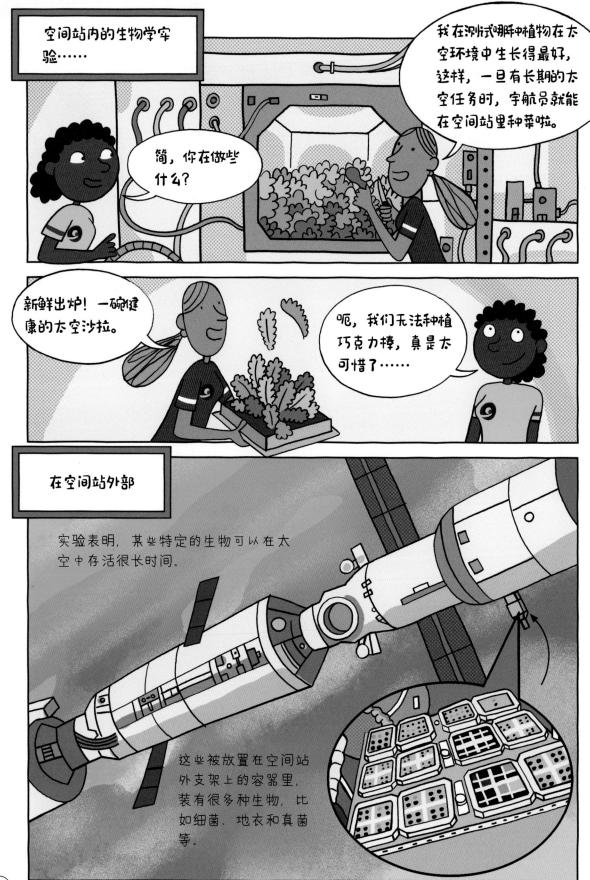

物理学实验

研究在"零重力"环境下液体和其他物质的形态表现。

谢尔盖，这是什么实验？

我在玩火！

呃……这是安全的，对吧？

当然！在"零重力"环境下，火的形态会发生变化。我在测试一些将火扑灭的办法，以防发生爆炸。

什么？爆炸？

别担心，一切尽在掌控中。等一下，你知道这个按钮是做什么的吗？

我觉得我还是走吧……

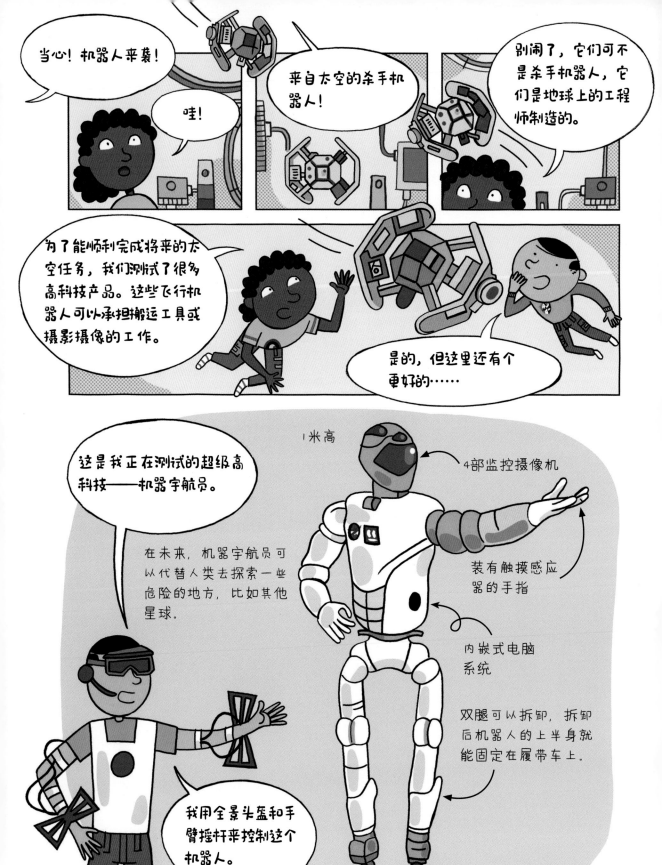

对了，在空间站搞科研还有一个得天独厚的优势——从这里，我们可以看到别人看不到的景象……

地球！

我们为科学家们拍了成千上万张地球的照片。

安装在空间站外的那些相机会在互联网上直播我们拍摄到的地球的实时画面。

相机

通过研究这些自然环境的照片，比如冰川或雨林，科学家们能够发现它们是如何随着时间的推移而发生变化的。

空间站上拍摄的一些照片还能帮助农民和牧场主们决定种植哪些作物。

如果某地发生自然灾害，比如洪水泛滥或火山爆发，救险队伍还能借助放大的照片来制定营救方案。

空间站里的其他科学研究

一种新型的火焰

这个实验测试了在"零重力"环境下不同燃料产生的火焰有什么区别。

你看,谢尔盖正在隐形火焰上烤棉花糖。

其中一种燃料产生的火焰可以持续燃烧很久,甚至在火焰消失后还能继续发热。宇航员因此发明了隐形火焰!

(好吧,烤棉花糖这部分不是真的,但想一想确实很酷!)

这个发现可以帮助地球上的科学家们发明对自然环境危害更小的发动机。

万物的起源

另一项实验是研究那些超酷的原子在"零重力"环境下的状态。

这也揭示了宇宙起源的奥秘。

宇航员们还会用电流击穿宇宙尘埃,观察它们如何形成新的物质。

这项实验能让我们大概了解行星是如何形成的。

进入太空的生物

很多活体生物被送到了国际空间站，它们在这里得到了精心的呵护。这些生物在"零重力"环境下的表现都被详细记录下来。

蜗牛

蚊子

苍蝇

蜘蛛

蜜蜂

蠕虫

老鼠很快就适应了太空环境。

蚂蚁

甲虫

蝴蝶

幼体乌贼

这些极其微小的生物叫水熊虫。它们的生命力特别顽强，能够在极端环境下生存。

水熊虫甚至曾经在太空中存活了10天。

回收利用

在这个实验里，食品包装袋不再是垃圾，而会转变为3D打印机的材料。

3D打印机利用电脑来设计新的图案……

打印机是一台很大的机器——这只是它的一小部分。

做好啦！一个崭新的3D打印扳手。

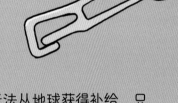

这对执行远距离太空任务的宇航员非常有帮助，因为他们无法从地球获得补给，只能自己制作。

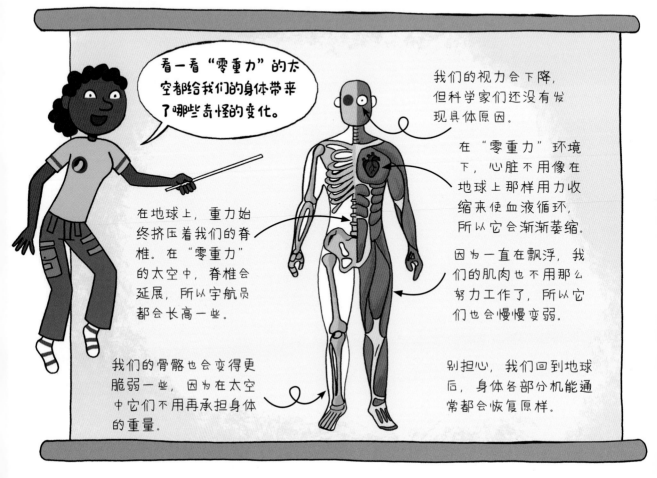

舱外宇航服

这种宇航服被称作"舱外宇航服"。它就像一个微缩版的宇宙飞船，保证宇航员在太空的安全。

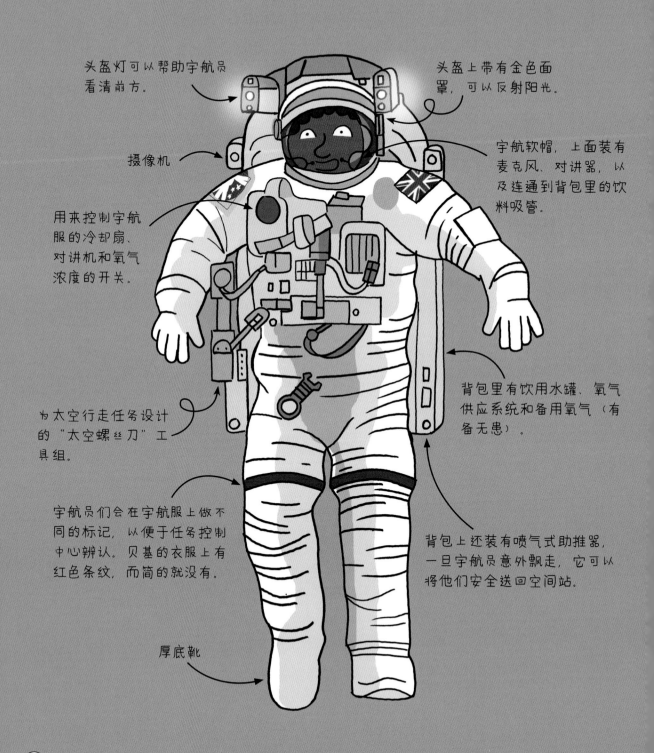

头盔灯可以帮助宇航员看清前方。

摄像机

用来控制宇航服的冷却扇、对讲机和氧气浓度的开关。

为太空行走任务设计的"太空螺丝刀"工具组。

宇航员们会在宇航服上做不同的标记，以便于任务控制中心辨认。贝基的衣服上有红色条纹，而简的就没有。

厚底靴

头盔上带有金色面罩，可以反射阳光。

宇航软帽，上面装有麦克风、对讲器，以及连通到背包里的饮料吸管。

背包里有饮用水罐、氧气供应系统和备用氧气（有备无患）。

背包上还装有喷气式助推器，一旦宇航员意外飘走，它可以将他们安全送回空间站。

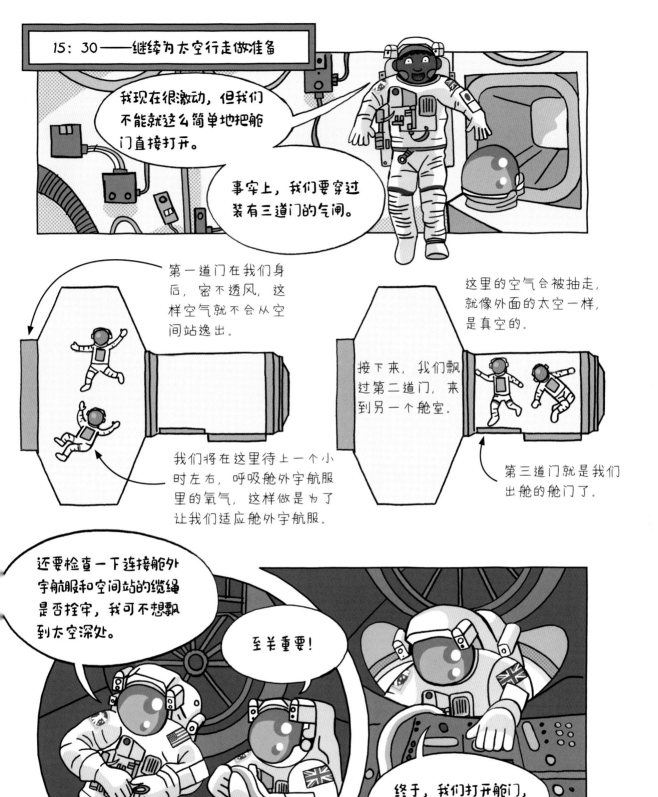

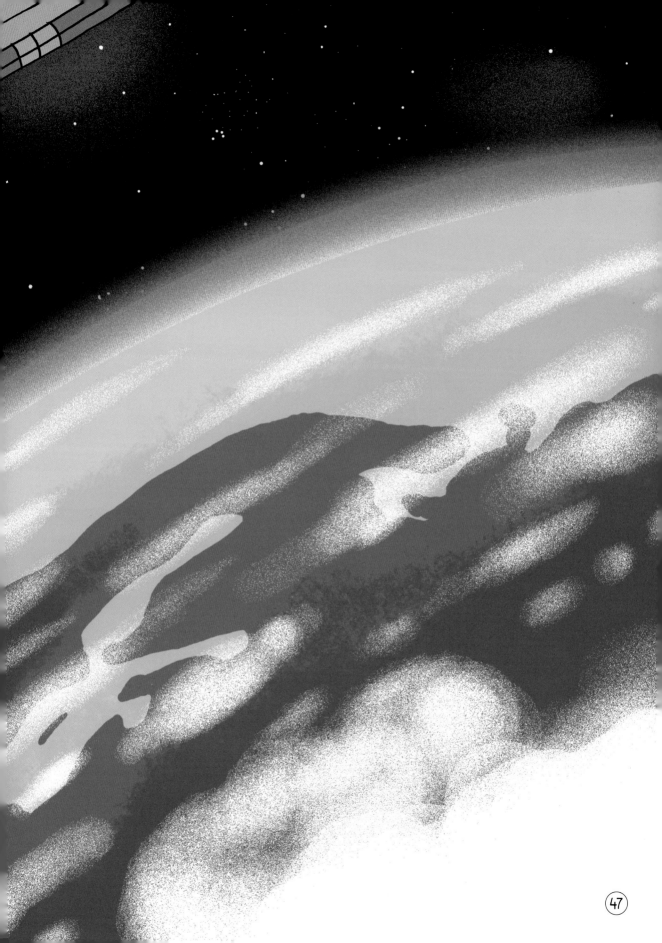

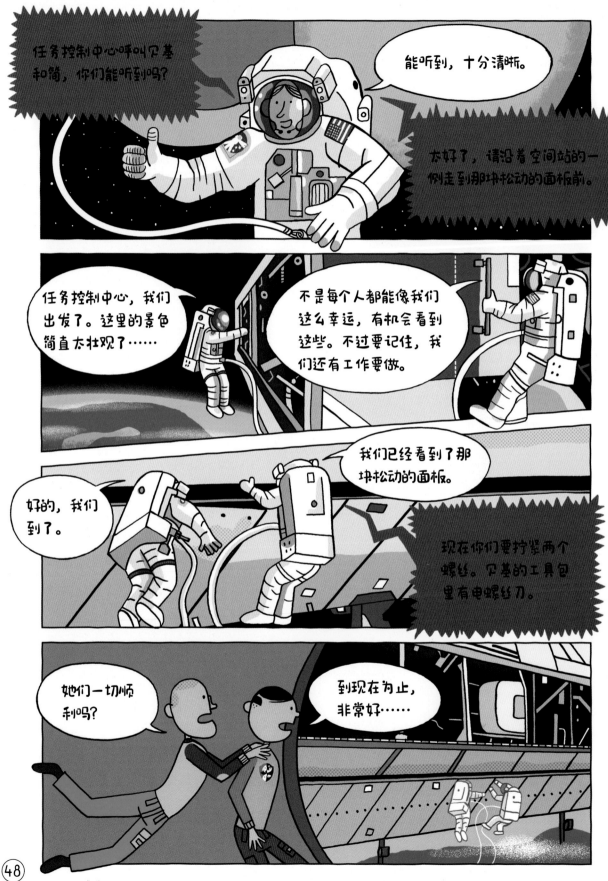

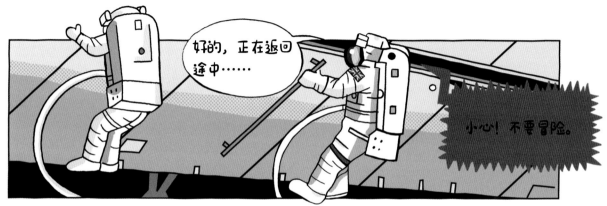

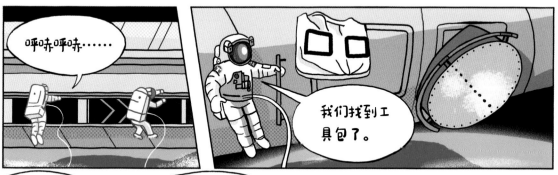

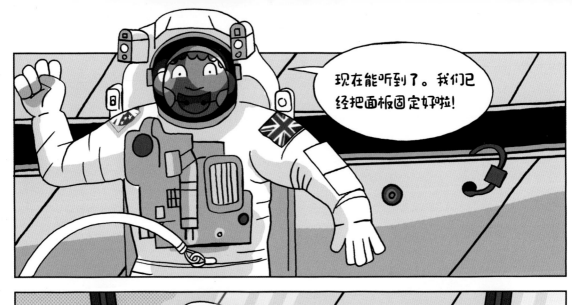

在"零重力"环境下，水不会像在地球上那样向下流动。

如果宇航员们洗澡的话，舱室里就会飘满大大小小的水泡。

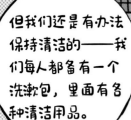

但我们还是有办法保持清洁的——我们每人都备有一个洗漱包，里面有各种清洁用品。

我们用湿巾来清洁脸部和其他部位。

刷牙的时候，我们要先挤一点点牙膏……

然后再挤出一个水泡，用嘴接住。

宇航员刷牙时需要把嘴闭紧，不然泡沫会到处乱飘。

洁白光亮！

吐水时用来吸水的纸巾

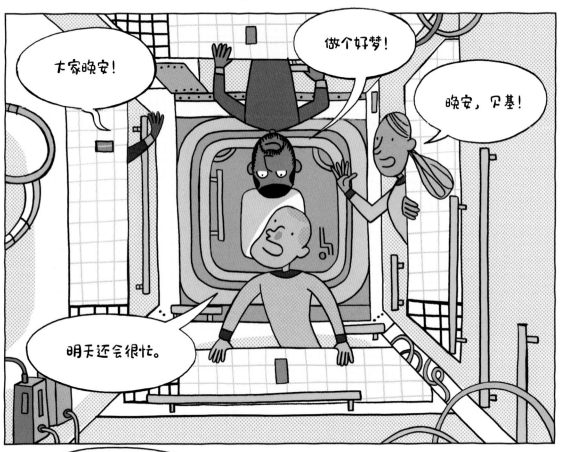

在距离地球几百千米的
太空中的某一处……

国际空间站平稳地飘浮着，万籁俱寂……

直到响起了一阵巨大的呼噜声。

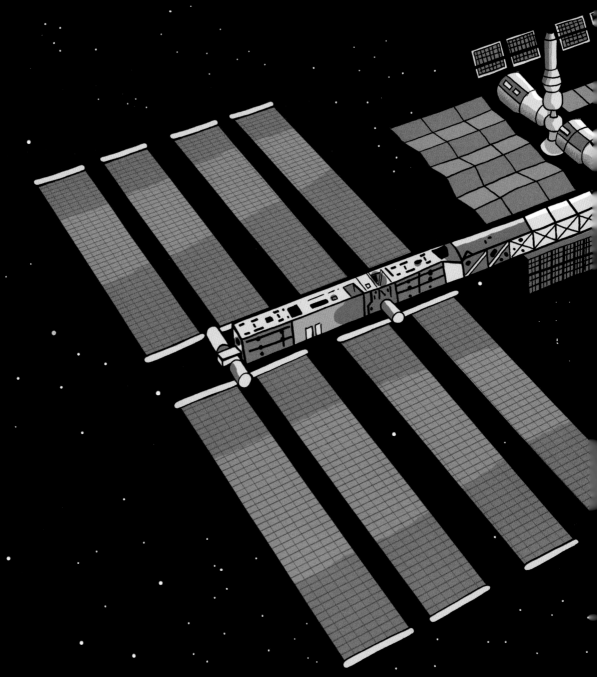

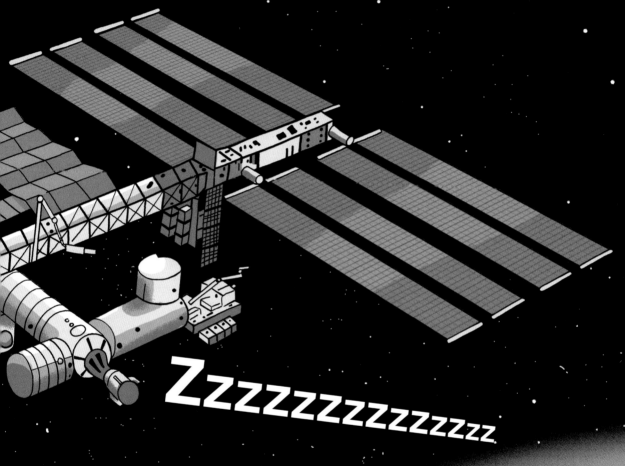

你如何从空间站回家?

这里列出了人们经常对宇航员提出的一些问题……

我会在国际空间站待3—6个月,任务完成后,我就该回家了。通常来说,我们会和与我们同期上天的宇航员一起返回地面,比如我这组就是简和谢尔盖。

返回地球时,我们会先进入飞船的返回舱,然后被弹出空间站。

助推器点火,我们驶向地球。

进入大气层后,返回舱越飞越快,与空气摩擦产生超高热量,甚至火焰。

但不用担心,返回舱外壳的防热罩会确保我们的安全。

接近地面时,4顶巨大的降落伞会打开,使返回舱减速……

最终降落在海面上。

任务控制中心已经提前计算好了我们的降落轨迹,打捞船会在降落点附近待命。

重返地球的感觉真好,但也有些奇怪。一旦你在太空中看过地球后,会感觉一切都不一样了。

你们返回地球后都做些什么？

我们中的一些人会再次到国际空间站去执行新的任务，其他人则会在宇航局工作。我们的经验可以帮助其他宇航员，或者为将来的星际旅行训练更多的宇航员。

我能从地球上看到空间站吗？

在特定时间的晴朗夜空是可以看到的。你可以试着找一下天空中的一个白色光点，它移动得很快，就像飞机一样。但它没有闪光，如果闪着光，那可能就是一架飞机。

美国国家航空航天局，简称NASA，有个专门的网站供人们查询国际空间站何时穿过你所在地区的夜空。你也可以通过微信搜索"天文通"小程序，查询中国"天宫"空间站的过境信息哟！

如果你看到了空间站，记得
向我们挥挥手哟！

术语表

北极光：是出现于北半球高纬度地区高空中的一种绚丽多彩的发光现象，常见的是波浪形像幔帐一样的光，黄绿色，有时带红、蓝、灰、紫等颜色。

舱外宇航服：舱外宇航服是一个微型的航天器，是宇航员们走出航天器到舱外作业时必须穿戴的防护装备。

大气层：指地球外面包围的气体层，按照物理性质的不同，通常分为对流层、平流层等层次。

轨道：天体在宇宙中运行的轨迹。是由重力引起的较小物体在空间中围绕较大物体运动时的弯曲路线。

货运飞船：一种专门运送货物到达太空的航天器，主要任务是向空间站定期运送食品、燃料和仪器设备等。

节点：组成空间站的小型部件，通常用来连接两个模块。

空间站：是一种在近地轨道长时间运行，可供多名航天员巡访、长期工作和生活的载人航天器。

"零重力"：宇航员们在太空中体验到的"失重"感觉，严格来说，并没有完全"零重力"的环境，而是重力小到可以忽略。这里为了方便读者理解太空环境，使用了加引号的"零重力"。

模块：组成空间站的大型部件，一个空间站由多个模块组成。

气闸：或称气闸舱，是大气压力调节舱。当宇航员进出宇宙飞船时，气闸舱可以阻止空气的逸出，是用来保障航天员从宇宙飞船的舱内到舱外并安全返回的设备。

任务控制中心：是设在地球上的对空间站任务进行指挥调度、飞行控制、分析计算、数据处理和信息交换的中心。

太空行走：指航天员离开载人航天器乘员舱，只身进入太空的出舱活动。

太阳系：是一个以太阳为中心，被太阳引力约束在一起的天体系统，包括太阳、行星及其卫星、矮行星、小行星、彗星和行星际物质。

小行星：指太阳系内类似行星环绕太阳运动，但体积和质量比行星小得多的天体。

宇宙飞船：是一种运送航天员、货物到达太空并安全返回的航天器。

自然科学：研究自然界各种物质及现象，如材料、流体和气体如何工作的科学，包括物理和化学等。

重力：泛指任何天体吸引其他物体的力，如月球重力、火星重力等，有时特指地球重力。

3D打印机：用来进行3D打印的机器。3D打印即快速成型技术的一种，它是一种以数字模型文件为基础，运用粉末状金属或塑料等可黏合材料，通过逐层打印的方式来构造物体的技术。

索引